고급 대륙의 맛, 황제의 만찬
중국요리

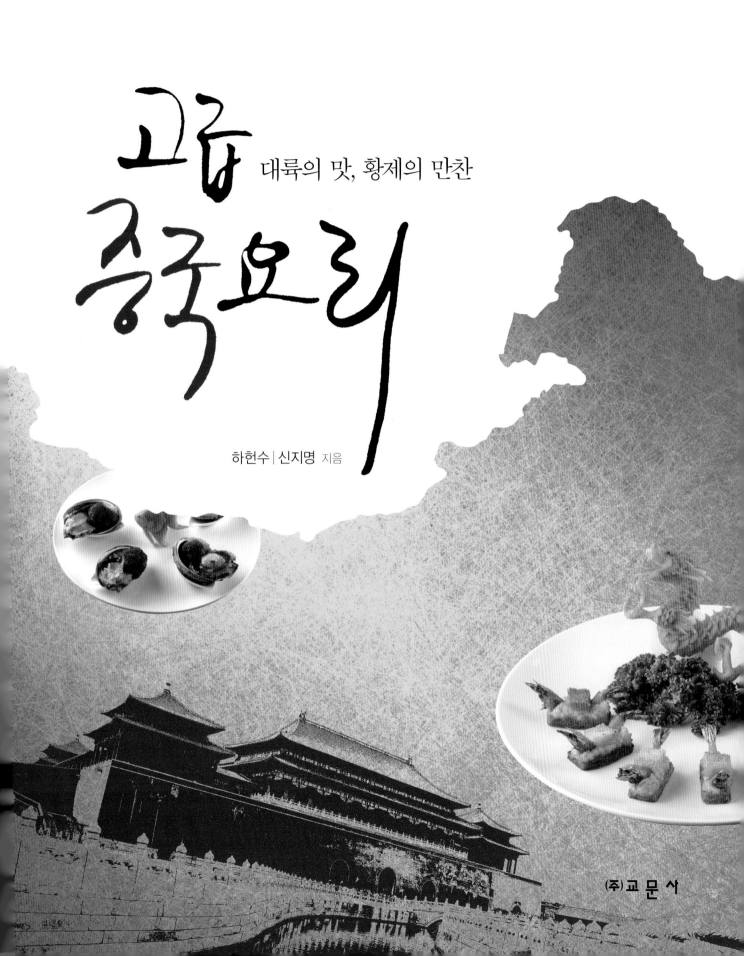

고급 중국요리

대륙의 맛, 황제의 만찬

하헌수 | 신지명 지음

(주)교 문 사

음식은 본능과 삶의 교집합이다

음식은 본능과 삶의 교집합이라고 말할 수 있다. 음식은 본능인 동시에 인간의 삶에서 매우 크고 중요한 부분을 차지하고 있다.

중국인들은 민이식위천(民以食爲天)이라는 말을 종종 사용하는데, 이 말은 백성은 먹는 것을 하늘처럼 여긴다는 뜻이다. 중국요리에서는 칼과 불의 사용을 아주 중요하게 생각하며 중국에서는 예부터 요리의 색, 향, 미, 형, 의를 갖추어야 한다는 말이 있다. 여기서 특히 '형'은 음식을 화려하게 장식하고 모양에 공을 들여 신경을 많이 쓴다는 표현이며, 현대적인 의미로는 데커레이션을 뜻한다.

중국요리의 역사는 매우 오래되고 종류도 다양하다. 중국요리를 모두 접해본 사람이 없을 정도로 각 지역마다 즐겨 먹는 요리가 달라서 종류가 이루 말할 수 없을 정도로 많다. 특히 소수민족의 음식은 많이 알려진 한족의 음식과는 굉장히 다르다.

중국에서 음식은 하나의 학문이자 예술이며 중국인들의 삶에서 중요한 몫을 차지한다. 중국음식은 요리의 재료와 조리법, 유래와 역사, 역사적 인물과 연관성이 요리에 따라 각각 다를 정도로 오랜 전통을 가지고 있다. 음식을 주문할 때 이러한 사실을 안다면 자신의 입맛에 맞는 요리를 맛보게 될 것이다.

이 책은 이러한 특징을 가진 중국요리에 대한 새로운 관점을 제시하였다. 기존 중국요리책과는 다르게 중국 현지요리와 호텔요리를 재구성하였으며, 특히 각종 중국요리의 고급스러움을 중점적으로 소개하였다.

최근에는 중국음식을 매개로 전 세계적인 활동이 가능해졌으므로 이 책이 조리를 공부하는 이들에게 많은 도움이 되기를 바란다.

2014년 2월
저자 하헌수

전채 요리

샥스핀 오향장육

재료

샥스핀 20g, 오향장육 50g, 감자전분 20g, 오향장육소스 70g

조리방법

1. 만들어 놓은 오향장육을 얇게 썰어 놓고, 샥스핀도 조그맣게 다듬어 놓는다.
2. 오향장육을 만든 후 남은 소스를 냉장고에 보관하면 양갱처럼 굳는다. 굳은 소스를 사방 1cm 크기로 자른다.
3. 전분을 국자에 얇게 펴서 익힌 후 차가운 물에 담가둔다.
4. 오향장육에 샥스핀과 오향장육소스를 포갠 후 익힌 전분을 위에 덮어 마무리한다.

삼색춘권

재료

밀가루(공통), 쇠고기(우둔살) 25g, 청피망 25g, 홍피망 25g,
향채(파 20g, 마늘 10g, 생강 5g), 파기름 50ml, 간장 15ml,
굴소스 30ml, 정종 15ml, 조미료 2g

조리방법

1. 향채를 포함한 모든 재료는 채를 썬다.
2. 간장과 조미료, 굴소스, 정종, 파기름을 1의 재료에 넣고 볶
   는다.
3. 볶아낸 채소를 식힌다.
4. 춘권피를 색깔별로 만들어 돌돌 말아준다.

> **TIP** 노란색 춘권 = 물 + 밀가루 + 전분
> 초록색 춘권 = 물 + 밀가루 + 전분 + 와사비가루
> 붉은색 춘권 = 물 + 밀가루 + 전분 + 백년초가루
> * 춘권피는 물, 밀가루와 전분 비율을 5 : 1 : 3으로 해서 만들고 기
> 본은 다른 가루를 첨가하지 않으며 와사비가루, 백년초가루를 각
> 각 넣으면 삼색춘권피가 된다. 와사비가루와 백년초가루의 가감에
> 따라 색이 조금씩 달라진다.

게살춘견

재료

게살 60g, 간장 3ml, 조미료 5g, 굴소스 15g, 정종 5ml,
파기름 15ml

조리방법

1 게살의 물기를 완전히 제거한 후 간장과 조미료, 굴소스, 정
   종, 파기름을 넣고 볶는다.
2. 볶아낸 게살을 식힌다.
3. 춘권피를 만들어 돌돌 말아준다.

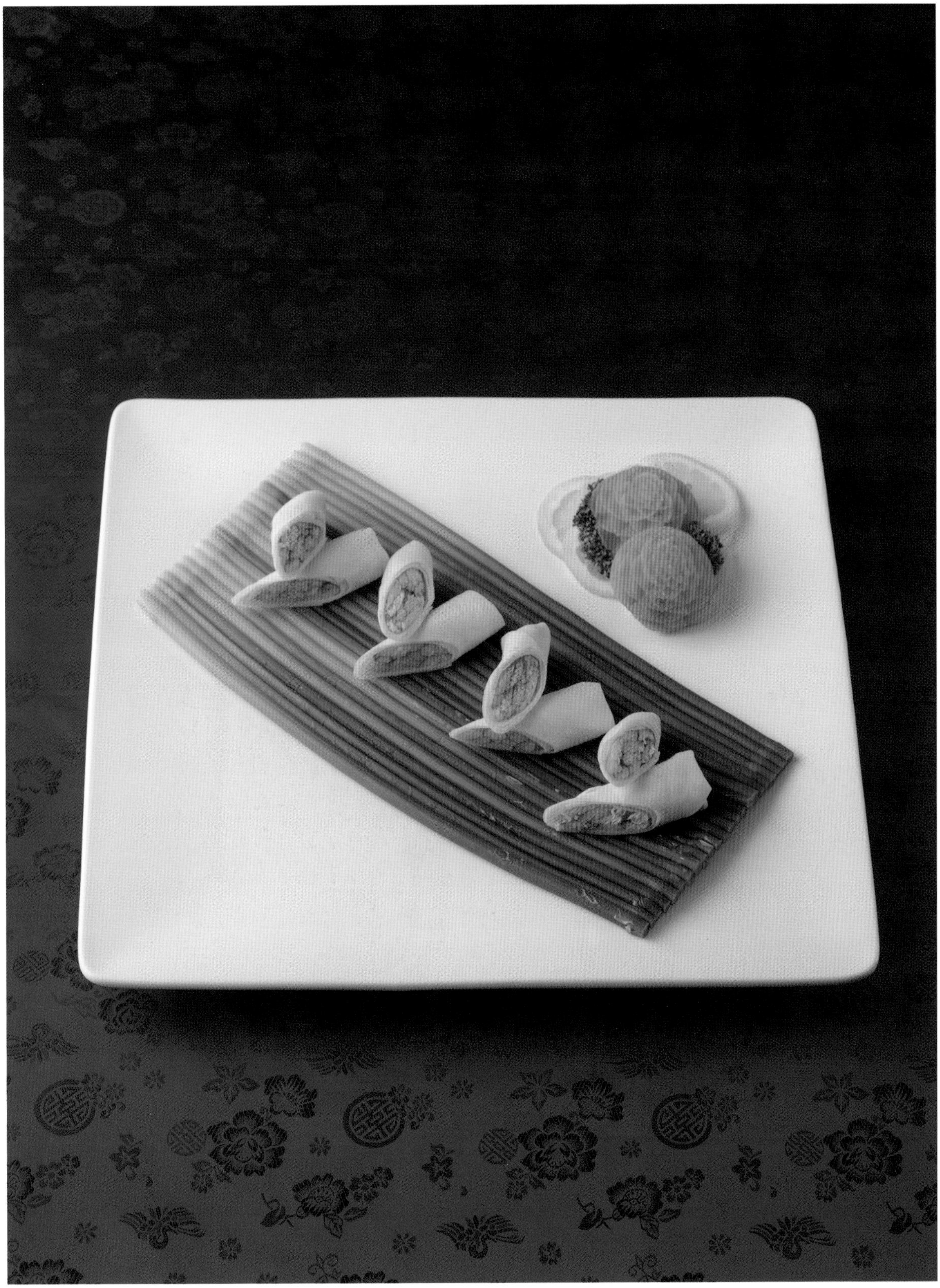

건두부 채소말이

재료

건두부 3장, 로메인 3포기, 양상추 1통, 지마장소스 50g, 물 50ml,
소금 3g

조리방법

1. 지마장소스에 물과 소금을 넣고 한쪽 방향으로 계속 저어서
   묽게 만든다.
2. 로메인과 양상추를 먹기 좋은 크기로 잘라서 건두부로 잘
   말아둔다.

매운 해산물 냉채

재료

해파리 70g, 중새우 3마리, 해삼 50g, 갑오징어 몸살 40g,
가리비 관자 3개, 무순 10g, 마늘 20g, 생강 5g, 대파 10g,
정종 30ml, 소금 1g, 후춧가루 1g, 두반장 35g, 식초 15ml,
고추기름 20ml

조리방법

1. 5가지 해산물(해파리, 중새우, 해삼, 갑오징어, 가리비 관자)
   을 가지런히 채를 썬다.
2. 마늘, 생강, 대파는 곱게 다져 놓는다.
3. 채 썬 해산물과 무순, 모든 양념을 넣고 골고루 섞는다.
4. 마지막에 고추기름을 두르고 접시에 담는다.

돼지껍질 오향장육

재료

돼지껍질 200g, 아롱사태 400g, 대파 25g, 산초 10g, 팔각 5g,
회향 5g, 계피 15g, 생강 15g, 오향분 10g, 간장 25ml,
노두유 70ml, 설탕 150g, 고량주 100ml, 닭육수 3500ml

조리방법

1. 끓는 물에 돼지껍질과 아롱사태를 넣고 10분간 끓인 다음
   찬물에 넣고 깨끗이 씻는다.
2. 닭육수에 모든 재료를 넣고 3시간 동안 은근하게 끓인다.
3. 랩을 준비해서 랩 위에 돼지껍질을 깔고 속에 아롱사태를
   넣어 김밥을 말듯이 돌돌 말아 냉장고에 보관한다.

TIP 냉장고에 하루 정도 넣어둔 다음 썰어야 껍질과 아롱사태가 분리
되지 않는다.

송화단 냉채

재료

송화단 6개, 생강 150g

조리방법

1. 송화단을 껍질째 45분간 쪄서 식힌다.
2. 쪄놓은 송화단을 6등분하여 접시에 담아낸다.
3. 생강채를 같이 곁들인다.

건두부 김말이

재료

건두부 5장, 중새우 5마리, 김밥 김 5장, 감자전분 50g,
백후춧가루 2g, 조미료 5g, 소금 5g

조리방법

1. 새우를 곱게 다진 다음 조미료와 소금, 전분, 후춧가루를 넣
   어 밑간한다.
2. 건두부에 다진 새우살을 얇게 펴서 바른 후 김밥 김을 덮
   는다.
3. 김 위에 다시 새우살을 펴서 바른 뒤 돌돌 말아준다.
4. 김이 오른 찜통에 넣고 15분간 쪄서 마무리한다.

오색대하찜

재료

대하 5마리, 달걀 1개, 건표고버섯 1개, 청피망 1/2개, 홍피망 1/2개,
소금 5g, 조미료 3g, 백후춧가루 1g

조리방법

1. 대하를 잘 손질한 후 깨끗이 씻어 놓고 새우등 쪽에 칼집을
   넣은 다음 소금, 조미료, 후춧가루를 뿌려 밑간한다.
2. 달걀은 흰자, 노른자를 구분하여 지단을 만들어 새우살 넓
   이에 맞게 채를 썬다.
3. 건표고버섯, 청피망, 홍피망도 역시 지단처럼 썰어 놓는다.
4. 새우살 위에 백색지단, 황색지단, 썰어 놓은 건표고버섯, 청
   피망, 홍피망을 올린다.
5. 김이 오른 찜통에 4의 재료를 넣고 쪄낸 후 접시에 담는다.

샤오기

재료

닭가슴살 2개, 청오이 1/4개, 춘장 100g, 닭육수 500ml,
간장 50ml, 설탕 50g, 정종 65ml, 노두유 120ml, 팔각 5g,
대파·생강 각 20g, 튀김기름 200ml, 설탕 20g, 식초 20ml,
마늘 10g

조리방법

1. 닭가슴살을 끓는 물에 데쳐낸 후 춘장을 발라 튀긴다.
2. 닭육수에 간장, 설탕, 정종, 노두유, 팔각, 대파, 생강을 넣고 끓인 후 불을 끈다.
3. 끓여 놓은 닭육수에 튀긴 닭가슴살을 넣고 김이 오른 찜통에 2시간 동안 찐다.
4. 쪄낸 닭가슴살을 냉장고에 넣어 식힌 후 오이와 마늘소스를 뿌린다.

TIP 마늘소스는 설탕, 식초, 다진 마늘 비율을 2:1:1로 넣고 만든다.

수프와 찜

—

제비집수프

재료

제비집 30g, 정종 10ml, 닭육수 250ml, 소금 3g, 파기름 15ml,
후춧가루 1g, 감자전분 20g

조리방법

1. 제비집은 끓는 물에 데쳐 따로 담는다.
2. 달군 팬에 파기름을 두르고 닭육수를 넣고 끓인 후 정종, 소
   금, 후춧가루를 넣은 다음 전분으로 농도를 맞춘다.
3. 파기름을 넣은 후 그릇에 담아 제비집과 함께 제공한다.

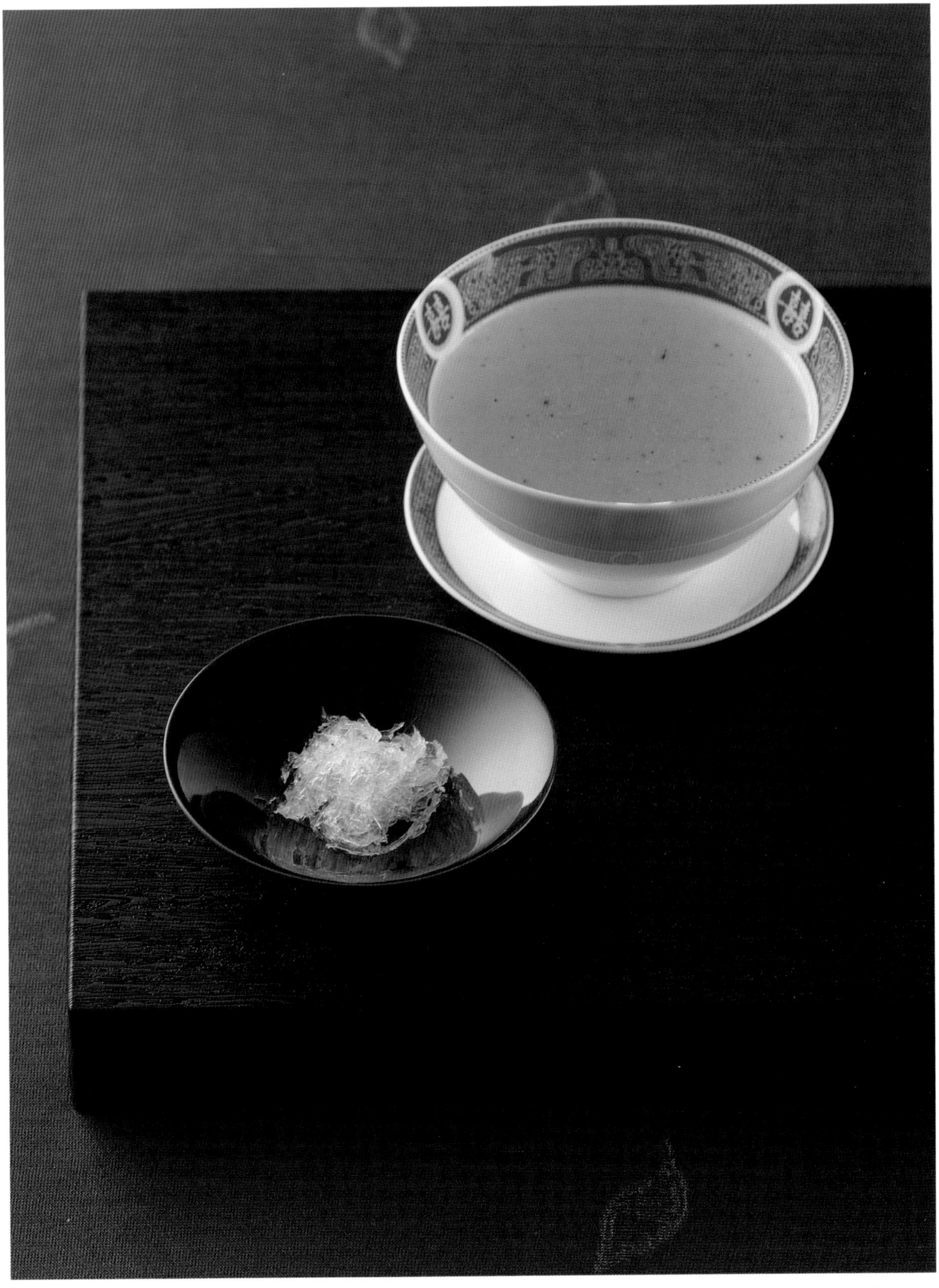

홍삼 제비집수프

재료

홍삼 50g, 제비집 50g, 물 100ml, 정종 15ml, 소금 2g

조리방법

1. 제비집은 물에 불린다.
2. 홍삼을 물(100ml)에 넣어 끓인다.
3. 홍삼을 우려낸 물에 정종, 소금을 넣어 간을 한 후 제비집과
   함께 그릇에 담아낸다.

홍삼 녹용오리탕

재료

오리고기 100g, 홍삼 50g, 녹용 10g, 콜리플라워 20g,
아스파라거스 20g, 송이버섯 10g, 물 200ml, 정종 15ml,
후춧가루 1g, 조미료 1g, 소금 1g

조리방법

1. 물에 홍삼과 녹용을 넣고 끓인다.
2. 콜리플라워는 한입 크기로 썰고, 아스파라거스는 어슷썰기
   를 하고, 송이버섯은 편을 썬다.
3. 달군 팬에 1의 재료와 정종, 오리고기, 후춧가루, 조미료, 소
   금을 넣고 끓인다.
4. 오리고기가 익으면 콜리플라워와 아스파라거스, 송이버섯을
   넣고 조금 더 끓인 후 그릇에 담아낸다.

훈툰

재료

밀가루(강력분) 150g, 찬물 30ml, 돼지고기 50g, 얼갈이 10g,
건표고버섯 20g, 죽순 20g, 대파 2뿌리, 생강 5g, 정종 5ml,
간장 15ml, 후추 2g, 파기름 10ml, 소금 12g

조리방법

1. 볼에 밀가루, 찬물, 소금(3g)을 넣고 훈툰피 반죽을 한 뒤
   비닐에 싸둔다.
2. 돼지고기는 핏물을 닦고 대파와 생강과 함께 곱게 다진다.
3. 돼지고기에 다진 대파와 생강, 정종, 소금(4g), 간장, 파기름,
   후추를 넣고 나무젓가락으로 끈기가 생길 때까지 저으면서
   훈툰속을 만든다.
4. 훈툰피는 사각형으로 6cm 크기가 되도록 민다.
5. 가운데에 속을 넣고 삼각형으로 접은 후 다시 양 모서리를
   가운데가 겹쳐지도록 훈툰을 만든다.
6. 냄비에 물을 붓고 불에 올려 물이 끓으면 소금(5g)과 훈툰
   을 넣어 익힌 후 얼갈이, 건표고버섯, 죽순을 넣고 한 번 더
   끓인 다음 그릇에 담아낸다.

불도장

재료

샥스핀, 전복, 제비집, 중새우, 가리비 건관자, 불린 해삼, 오골계,
사슴힘줄, 녹각, 구기자, 대추, 송이버섯, 인삼, 대파, 양송이버섯,
건표고버섯, 죽순, 배추, 생강, 닭육수 120ml, 소흥주 30ml, 소금 1g

조리방법

1. 샥스핀을 제외한 모든 재료를 끓는 물에 데치고 항아리에
   담아둔다.
2. 맑게 끓인 닭육수에 소금과 소흥주를 넣어 간을 한다. 1의
   재료에 붓는다.
3. 항아리의 뚜껑을 덮어 5시간 정도 찜통에 찐다.
4. 샥스핀을 넣고 20분간 쪄서 마무리한다.

TIP 재료의 종류가 많아 워낙 미량이 들어가기 때문에 양을 표기할
수 없는 것도 있다.

호품두부

재료

두부 1/2모, 생크림 100ml, 감자전분 50g, 청피망 1/5개,
홍피망 1/5개, 소금 3g, 백후춧가루 1g, 조미료 2g, 파기름 10ml,
닭육수 200ml

조리방법

1. 두부에 생크림, 소금(2g), 조미료(1g)를 넣고 밑간한 후 믹서
   기에 곱게 간다.
2. 오목한 접시에 1의 재료를 담아 밀봉한 후 찜통에서 15분
   간 찐다.
3. 팬에 파기름을 두르고 닭육수를 넣고 소금(1g), 후춧가루,
   조미료(1g)로 간을 한 후 전분을 넣어 농도를 걸쭉하게 하고
   파기름을 둘러 마무리한다.
4. 쪄낸 두부 위에 3의 소스를 붓고 곱게 다진 청피망과 홍피
   망을 올려 마무리한다.

죽생 연잎수프

재료

연잎순 20g, 죽생(망태버섯) 20g, 정종 10ml, 닭육수 250ml,
감자전분 20g, 소금 3g, 후춧가루 조금, 파기름 2ml, 조미료 2g

조리방법

1. 연잎순은 끓는 물에 넣고 살짝 데친다.
2. 물에 불린 죽생은 0.3cm 두께로 썬다.
3. 달군 팬에 파기름을 두른 후 닭육수를 넣고 끓어오르면 정
   종과 연잎순, 죽생을 넣고 소금, 후춧가루, 조미료로 간을 하
   고 전분을 넣어 농도를 맞춘다.
4. 파기름을 넣은 후 그릇에 담아낸다.

동충하초 샥스핀찜

재료

동충하초 10g, 샥스핀 80g, 감자전분 25g, 대파 20g, 생강 10g,
청경채 1포기, 숙주 30g, 파기름 150ml, 정종 35ml, 닭육수 450ml,
조미료 5g, 소금 5g

조리방법

1. 정종(30ml)과 닭육수(200ml)를 넣고 대파와 생강을 편으로
   잘라 샥스핀에 올려서 찜통에 찐다.
2. 팬에 파기름을 두르고 청경채와 숙주를 먼저 볶아 접시에
   담아낸다.
3. 팬에 파기름을 두르고 정종(5ml), 닭육수(250ml), 조미료,
   동충하초, 소금으로 간을 한 후 전분으로 농도를 맞추고 파
   기름을 뿌려 마무리한다.
4. 볶아 놓은 숙주 위에 쪄낸 샥스핀을 올리고 청경채를 돌려
   서 3의 소스를 뿌린다.

건해마 샥스핀찜

재료

건해마 2마리, 샥스핀 80g, 감자전분 25g, 대파 20g, 생강 10g,
청경채 1포기, 숙주 30g, 파기름 155ml, 정종 35ml, 닭육수 450ml,
노두유 10ml, 굴소스 15g, 간장 15ml, 조미료 5g

조리방법

1. 불려 놓은 건해마를 깨끗이 손질한다.

2. 대파와 생강을 편으로 자르고 샥스핀에 정종(30ml)과 닭육
   수(200ml)를 붓고 찜통에서 찐다.

3. 팬에 파기름을 두르고 청경채와 숙주를 먼저 볶아 접시에
   담아낸다.

4. 팬에 파기름을 두르고 정종(5ml), 닭육수(250ml), 간장, 노
   두유, 굴소스, 조미료를 넣어 간을 한 다음 전분을 넣어 농
   도를 맞춘 후 파기름을 뿌려 마무리한다.

5. 볶아 놓은 숙주 위에 쪄낸 샥스핀을 올리고 건해마와 청경
   채 주위에 4에서 만든 소스를 동그랗게 뿌린다.

채소 요리

—

죽생 아스파라거스
마늘소스 깐풍브로콜리

죽생 아스파라거스

재료

죽생 25g, 아스파라거스 100g, 대파 20g, 마늘 10g, 생강 3g,
간장 5ml, 닭육수 100ml, 굴소스 15ml, 노두유 15ml, 조미료 10g,
후춧가루 2g, 정종 15ml, 파기름 60ml, 감자전분 30g

조리방법

1. 죽생과 아스파라거스는 5cm 길이로 썬 후 끓는 물에 데
   친다.
2. 달군 팬에 파기름을 두른 후 대파, 마늘, 생강을 넣고 볶다
   가 간장, 닭육수, 굴소스, 노두유, 조미료, 후춧가루, 정종을
   넣은 다음 죽생과 아스파라거스를 넣고 볶는다.
3. 전분을 넣어 농도를 맞추고 파기름을 뿌려 마무리한다.

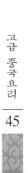

마늘소스 깐풍브로콜리

재료

브로콜리 1송이, 마늘 100g, 파 30g, 생강 5g, 청피망 20g,
홍피망 15g, 감자전분 50g, 사천고추 10g, 밀가루 30g,
간장 10ml, 설탕 20g, 식초 20ml, 굴소스 5g, 후추 5g,
조미료 5g, 튀김기름 800ml

조리방법

1. 브로콜리에 칼집을 넣고 잘 손질하여 밀가루와 전분을 묻혀
   바삭하게 튀긴다.
2. 팬에 사천고추를 넣고 파, 마늘, 생강, 청피망, 홍피망을 넣고
   볶는다.
3. 간장, 설탕, 식초, 굴소스, 후추, 조미료를 위의 분량대로 2의
   재료에 넣고 한번 끓인다.
4. 튀겨 놓은 새우를 3의 소스에 넣어 국물이 없어질 때까지
   볶는다.

쇠고기 요리

—

쇠고기 상추쌈
마라우육
쇠고기 분사냄비

쇠고기 상추쌈

재료

쇠고기 100g, 국수 100g, 양상추 200g, 청피망 20g, 홍피망 20g,
당근 20g, 대파 20g, 마늘 20g, 생강 5g, 튀김기름 800ml,
정종 15ml, 굴소스 10g, 노두유 25ml, 후춧가루 3g, 조미료 7g,
파기름 60ml

조리방법

1. 쇠고기는 핏물을 빼고 곱게 다진 후 튀긴다.

2. 국수는 삶아서 새집 모양으로 만든 후 튀긴다.

3. 양상추는 동그랗게 잘라 놓는다.

4. 청피망, 홍피망, 당근은 곱게 다져 놓는다.

5. 달군 팬에 파기름을 두른 후 다진 대파, 마늘, 생강을 볶다
   가 4의 재료, 정종, 튀긴 쇠고기, 굴소스, 노두유, 후춧가루,
   조미료를 넣고 다시 볶는다.

6. 튀겨 놓은 국수에 5의 재료를 담아 양상추와 함께 춘장소스
   를 곁들인다.

TIP 곁들여 나오는 춘장소스는 춘장, 설탕, 식초 비율을 1:2:2로 넣
어서 만든다.

마라우육

재료

쇠고기(안심) 150g, 달걀 1개, 감자전분 20g, 건표고버섯 20g,
청피망 20g, 홍피망 20g, 양파 20g, 향채(파 20g, 마늘 20g,
생강 5g), 두반장 5g, 굴소스 20g, 닭육수 50㎖, 후춧가루 2g,
정종 10㎖, 노두유 20㎖, 조미료 5g, 고추기름 50㎖, 파기름 35㎖

조리방법

1. 쇠고기는 1×5cm로 썬 후 달걀과 전분, 노두유를 묻혀 튀
   긴다.
2. 분량의 채소도 쇠고기와 같은 크기로 썬다.
3. 달군 팬에 고추기름을 두르고 향채와 두반장을 넣어 볶는다.
4. 쇠고기와 채소를 넣어 살짝 볶은 후 굴소스, 닭육수, 후춧가
   루, 정종, 노두유, 조미료를 넣고 끓인다.
5. 전분을 넣어 걸쭉하게 농도를 맞춘 후 고추기름과 파기름을
   두르고 그릇에 담는다.

쇠고기 분사냄비

재료

쇠고기(안심) 150g, 녹두분사(실당면) 100g, 콜리플라워 25g,
브로콜리 25g, 당근 20g, 아스파라거스 20g, 은행 20g, 부추 20g,
대파 편 20g, 마늘 20g, 생강 5g, 닭육수 500ml, 정종 30ml,
소금 10g, 후춧가루 2g, 조미료 15g, 파기름 70ml

조리방법

1. 녹두분사는 찬물에 불려 삶아 놓는다.

2. 쇠고기는 4×1cm로 썬 후 정종(10ml), 소금, 후춧가루를 넣
   고 밑간을 해 놓는다.

3. 콜리플라워와 브로콜리는 한입 크기로 썰고, 당근은 가늘게
   채를 썬다.

4. 달군 팬에 파기름을 두르고 대파 편, 마늘 편, 생강을 넣어
   향을 낸다.

5. 정종(20ml)과 콜리플라워, 브로콜리, 아스파라거스, 은행을
   넣어 재빨리 볶은 후 닭육수를 넣고 끓인다.

6. 소금, 후춧가루, 조미료, 파기름을 넣고 끓인 후 부추와 당근
   을 올려 녹두분사를 넣은 냄비에 담아낸다.

돼지고기 요리

흑후추 돼지갈비

재료

돼지갈비 250g, 감자전분 50g, 튀김기름 800ml, 소금 15g,
조미료 3g, 산초 5g, 흑후추 15g

조리방법

1. 돼지갈비를 잘 손질하여 끓는 물에 살짝 익힌다.
2. 데쳐낸 갈비를 차가운 물에 넣고 씻은 후 마른 전분을 묻혀
   튀긴다.
3. 팬에 소금, 조미료, 산초, 흑후추를 넣고 한번 볶는다.
4. 튀긴 갈비에 3의 재료를 넣고 섞는다.

칠리소스 돼지갈비

재료

돼지갈비 1kg, 대파 15g, 마늘 2쪽, 생강 25g, 감자전분 25g,
홍고추 3개, 고추기름 10ml, 두반장 15g, 식초 8ml, 케첩 55g,
소금 2g, 조미료 3g, 튀김기름 800ml

조리방법

1. 대파, 마늘, 생강을 넣고 우려낸 물에 소금, 조미료로 간을
   한 다음 돼지갈비를 살짝 삶는다.
2. 삶은 갈비에 마른 전분을 묻혀서 튀긴다.
3. 홍고추, 대파, 마늘, 고추기름, 두반장, 식초, 케첩을 넣어 칠
   리소스를 만든다.
4. 만들어 놓은 칠리소스에 갈비를 넣고 맛이 배어 들게끔 3분
   정도 뚜껑을 덮고 졸여 마무리한다.

동파육

재료

삼겹살 200g, 청경채 10포기, 춘장 100g, 닭육수 500㎖,
간장 50㎖, 설탕 150g, 팔각 15g, 대파·생강 각 20g,
감자전분 25g, 노두유 50㎖, 계피 15g, 산초 2g,
고량주 50㎖, 튀김기름 200㎖, 볏짚 적당량

조리방법

1. 사방 3cm로 자른 뒤 삼겹살을 끓는 물에 데쳐낸 후 춘장을
   발라 튀긴다.
2. 튀긴 삼겹살을 볏짚으로 말아둔다.
3. 닭육수에 분량의 간장, 설탕, 노두유, 팔각, 대파, 생강, 계피,
   산초, 고량주를 넣고 끓인다.
4. 간을 한 닭육수에 튀긴 삼겹살을 넣고 김이 오른 찜통에 4
   시간 동안 찐다.
5. 쪄낸 삼겹살을 냉장고에서 식힌 후 기름기를 걷어낸다.
6. 청경채를 접시에 돌려 담은 후 삼겹살을 담고 소스를 뿌려
   마무리한다.

TIP 소스는 삼겹살을 찐 육수에 전분을 넣어 농도를 맞추면 된다.

회과육

재료

삼겹살 300g, 죽순 20g, 청피망 20g, 홍피망 20g,
건표고버섯 20g, 배추 1잎, 대파 40g, 마늘 20g, 생강 5g,
튀김기름 800ml, 정종 10ml, 간장 10ml, 춘장 30g, 닭육수 100ml,
설탕 3g, 조미료 10g, 후춧가루 5g, 파기름 70ml, 감자전분 15g

조리방법

1. 삼겹살은 끓는 물에 넣고 삶아낸 후 편으로 썰어 튀긴다.
2. 죽순, 청피망, 홍피망, 건표고버섯은 어슷썰기를 하고, 배추
   는 단단한 줄기부분만 어슷썰기를 한다.
3. 달군 팬에 파기름을 두르고, 대파, 마늘, 생강을 넣어 볶다가
   정종과 간장, 2의 재료, 튀긴 삼겹살, 춘장을 넣어 볶는다.
4. 닭육수를 붓고 설탕, 조미료, 후춧가루를 넣어 끓인다.
5. 전분을 넣어 걸쭉하게 끓인 후 파기름을 넣어 그릇에 담아
   낸다.

두반 삼겹살볶음

재료

삼겹살 300g, 건표고버섯 25g, 청피망 20g, 홍피망 20g,
죽순 30g, 청경채 20g, 대파 15g, 마늘 10g, 생강 5g,
감자전분 40g, 정종 15ml, 닭육수 100ml, 굴소스 10g,
노두유 20ml, 두반장 20g, 후춧가루 4g, 조미료 5g,
파기름 70ml, 튀김기름 800ml, 고추기름 15ml

조리방법

1. 삼겹살은 삶은 후 튀긴다.
2. 건표고버섯, 피망, 죽순, 청경채는 편으로 썬다.
3. 달군 팬에 고추기름을 두른 후 대파, 마늘, 생강을 넣고 볶는다.
4. 정종과 편으로 썬 채소를 넣고 살짝 볶다가 닭육수, 굴소스, 노두유, 두반장, 후춧가루, 조미료, 파기름을 넣어 끓인다.
5. 전분을 풀어 넣고 농도가 걸쭉해지면 파기름을 넣고 그릇에 담아낸다.

양고기 요리

—

양갈비말이
XO소스 철판양갈비
양고기 아스파라거스볶음
양꼬치 마늘구이

양갈비말이

재료

양갈비 2대, 중새우 10마리, 감자전분 40g, 대파 10g, 생강 5g,
조미료 2g, 소금 2g, 백후추 3g, 파기름 50ml

조리방법

1. 양갈비는 뼈 방향으로 길게 펴서 포를 뜬 다음 조미료와 소
   금, 후추를 넣어 밑간한다.
2. 새우와 대파, 생강을 곱게 다져서 섞는다.
3. 포를 떠낸 양갈비에 다진 새우살을 양갈비 두께로 펴놓는다.
4. 3을 돌돌 말고 마른 전분을 얇게 뿌린 후 파기름을 두른 팬
   에 지진다.

XO소스 철판양갈비

재료

양갈비 2대, 파기름 100ml, XO소스 90g, 소금 3g, 조미료 5g,
흑후추 7g

조리방법

1. 양갈비에 소금, 조미료, 후추를 뿌려 밑간한다.
2. 팬에 밑간한 양갈비를 넣은 다음 파기름을 두르고 지진다.
3. 지진 양갈비를 철판에 올리고 XO소스를 위에 끼얹는다.

양고기 아스파라거스볶음

재료

양고기살 150g, 아스파라거스 5개, 달걀 1개, 마늘 150g, 생강 5g,
대파 15g, 노두유 5ml, 감자전분 25g, 간장 5ml, 파기름 15ml,
정종 3ml, 튀김기름 800ml, 조미료 5g, 굴소스 15g, 백후추 2g

조리방법

1. 양고기에 달걀, 노두유, 간장(2ml), 전분을 묻힌 뒤 튀긴다.
2. 아스파라거스를 손질하여 한입 크기로 자른다.
3. 마늘은 다져서 튀김기름에 튀겨 접시에 돌려 담는다.
4. 파기름에 마늘, 생강, 대파를 넣고 간장(3ml)으로 향을 낸
   다음 정종을 넣은 후 아스파라거스를 볶는다.
5. 아스파라거스가 충분히 익으면 튀겨 놓은 양고기를 같이 넣
   고 볶는다.
6. 조미료와 굴소스, 후추를 넣어 간을 한 후 전분을 넣고 파기
   름을 뿌려 마무리한다.

양꼬치 마늘구이

재료

양고기 200g, 마늘 15개, 쯔란(孜然, cumin) 3g, 고춧가루 55g,
조미료 5g, 소금 3g, 후춧가루 5g

조리방법

1. 양고기는 손질한 후 조미료와 소금, 후춧가루를 뿌려 밑간
   한다.
2. 마늘은 깨끗이 씻은 후 5개씩 꼬치에 꽂는다.
3. 양고기도 꼬치에 꽂은 후 천천히 마늘과 함께 굽는다.
4. 구운 양고기와 마늘을 쯔란과 고춧가루를 묻혀 그릇에 담아
   낸다.

닭고기 요리

—

쯔란향 닭날개튀김
닭고기 고추볶음
발채 닭날개튀김

쯔란향 닭날개튀김

재료

닭날개 8개, 감자전분 50g, 밀가루 25g, 튀김기름 800ml,
고춧가루 20g, 후춧가루 2g, 쯔란 3g, 조미료 2g, 소금 5g

조리방법

1. 닭날개를 먹기 좋게 손질하여 조미료와 소금을 뿌려 밑간을
   한다.
2. 밑간한 닭날개를 튀김반죽을 묻혀 바삭하게 튀긴다.
3. 튀긴 닭날개에 고춧가루, 후춧가루, 쯔란, 조미료, 소금을 넣
   고 버무려 접시에 담아낸다.

TIP 튀김반죽은 물, 전분, 밀가루 비율을 2:2:1로 넣어서 만든다.

닭고기 고추볶음

재료

닭다리살 100g, 사천고추 30g, 산초 20g, 팔각 10g,
감자전분 35g, 소금 5g, 조미료 5g, 흑후춧가루 3g,
노두유 15ml, 고추기름 5ml, 튀김기름 800ml

조리방법

1. 닭다리살을 사방 2cm 크기로 자르고 노두유로 색을 낸 후
   전분을 살짝 묻혀 튀긴다.
2. 고추기름을 두르고 사천고추, 산초, 팔각을 넣고 살짝 태
   운다.
3. 살짝 태운 2의 재료와 튀긴 닭고기를 넣고 매운 향이 배어
   들게끔 볶으면서 소금, 조미료, 후춧가루로 간을 하여 마무
   리한다.

발채 닭날개튀김

재료

닭날개 8개, 발채 25g, 감자전분 50g, 튀김기름 800ml, 정종 15ml,
후춧가루 3g, 소금 5g, 조미료 2g

조리방법

1. 닭날개는 깨끗이 손질한 후 봉을 만들어 정종과 후춧가루,
   조미료, 소금을 넣어 밑간을 한다.
2. 전분과 발채를 섞어 튀김옷을 만들어 닭날개에 입힌다.
3. 170℃의 기름에서 닭날개를 튀긴다.
4. 튀긴 닭날개를 그릇에 보기 좋게 담아낸다.

오리고기 요리

—

북경오리
북경오리볶음
북경오리탕

북경오리

재료

오리 1마리, 설탕 500g, 식초 800ml, 물 5L

조리방법

1. 오리를 깨끗이 손질하여 오리걸이에 걸어서 끓는 물을 끼얹는다.
2. 1의 과정을 거친 후 5시간 정도 냉장고에 넣고 말린다.
3. 끓는 물(5L)에 설탕, 식초를 넣고 2의 오리에 끼얹는다.
4. 3의 오리를 또다시 냉장고에서 6시간 정도 말린다.
5. 150℃ 화덕에서 1시간 정도 굽는다.
6. 180℃ 화덕에서 15분간 구워 마무리한다. 춘장소스를 곁들인다.

TIP 곁들여 나오는 춘장소스는 춘장, 설탕, 식초 비율을 1:2:2로 넣어 만들고 오이나 대파를 채를 썰어 곁들여도 된다.

북경오리볶음

재료

북경오리 가슴살 120g, 마늘 2쪽, 대파 5g, 생강 2g,
감자전분 55g, 청피망 30g, 홍피망 20g, 죽순 20g, 양파 20g,
튀김기름 800ml, 파기름 15ml, 간장 3ml, 굴소스 3g, 소금 2g,
조미료 2g, 백후춧가루 1g

조리방법

1. 북경오리 가슴살을 발라내어 채를 썰어 전분을 묻힌 후
   190℃에서 튀긴다.
2. 모든 채소는 채를 썬다.
3. 파기름을 두르고 향채(마늘, 대파, 생강)를 넣고 볶는다.
4. 간장을 두르고 모든 채소와 튀긴 오리가슴살, 향채를 넣은
   후 볶으며 굴소스, 소금, 조미료, 후춧가루를 넣어 간을 한다.
5. 파기름을 두르고 마무리한다.

북경오리탕

재료

1마리 분량의 북경오리뼈, 감자전분 120g, 두부 20g, 향채(파 20g,
마늘 10g, 생강 5g), 건표고버섯 25g, 양송이버섯 15g, 배추 10g,
사천고추 5g, 소금 5g, 조미료 10g, 백후춧가루 5g, 식초 75ml,
튀김기름 800ml, 닭육수 1100ml, 파기름 5g, 간장 15ml

조리방법

1. 오리뼈를 토막을 내어 전분을 묻힌 후 튀긴다.
2. 두부를 제외한 모든 재료는 편으로 썰어서 준비한다.
3. 파기름에 사천고추, 파, 마늘, 생강을 넣고 간장으로 향을 내
   어 채소를 볶는다.
4. 3에 닭육수를 붓고 튀긴 오리뼈를 넣은 다음 10분 정도 은
   은하게 우려지도록 끓인다.
5. 두부를 넣고 소금, 조미료, 후춧가루, 식초를 넣어 간을 맞
   춘다.

생선 요리

—

잉어튀김

재료

잉어 1마리, 마늘 10개, 달걀 1개, 감자전분 200g, 튀김기름 800ml,
정종 15ml, 소금 15g, 후춧가루 15g

조리방법

1. 깨끗이 손질한 잉어는 아가미를 통해 내장을 제거한 후 칼
   집을 3번 넣어 정종, 소금, 후춧가루를 넣고 밑간한다.
2. 마늘은 편으로 썰어 물에 담가 매운맛을 없앤 후 물기를 제
   거하여 바삭하게 튀긴다.
3. 잉어에 달걀과 전분을 묻혀 튀긴다.
4. 튀긴 잉어에 마늘, 소금, 후춧가루를 뿌려 접시에 담아낸다.

매운 붕어찜

재료

붕어 1마리, 닭육수 500ml, 사천고추 135g, 산초 120g, 대파 20g,
생강 30g, 조미료 3g, 소금 3g, 간장 15ml

조리방법

1. 붕어를 잘 손질하여 끓는 물에 살짝 익힌다.
2. 닭육수에 조미료와 소금, 간장을 넣어 간을 맞춘다.
3. 살짝 익힌 붕어에 간을 한 닭육수를 붓고 사천고추와 산초
   를 넣은 다음 30분간 찜통에 찐다.
4. 쪄낸 붕어에 대파와 생강을 올려 마무리한다.

견과류 농어튀김

재료

농어 1마리, 달걀 1개, 감자전분 30g, 호두 15g, 잣 10g, 은행 30g,
땅콩 20g, 캐슈너트 25g, 튀김기름 800ml, 조미료 5g, 소금 5g

조리방법

1. 농어는 깨끗이 손질한 후 아가미를 통해 내장을 꺼낸다.
2. 살을 발라낸 후 편으로 썰어 달걀과 전분을 묻혀 튀긴다.
3. 달군 팬에 튀긴 농어와 견과류, 조미료와 소금을 넣어 섞은
   후 그릇에 담아낸다.

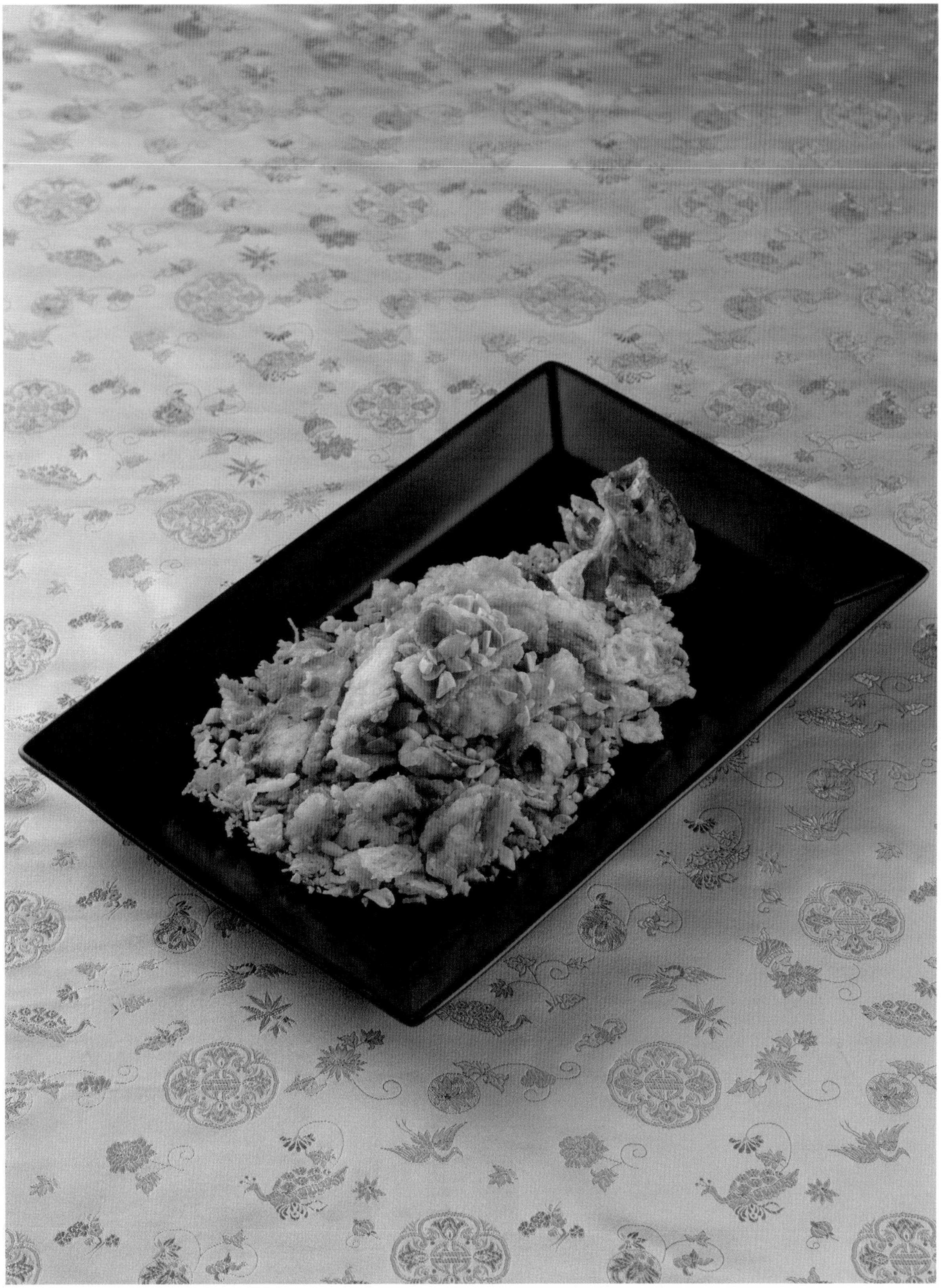

어향장어

재료

바다장어 2마리, 청피망 20g, 홍피망 20g, 당근 20g, 양파 20g,
파 10g, 마늘 10g, 생강 5g, 두반장 20g, 감자전분 120g,
닭육수 100ml, 정종 15ml, 굴소스 5g, 노두유 5ml, 식초 15ml,
후춧가루 3g, 소금 3g, 고추기름 80ml, 튀김기름 800ml,
파기름 20ml, 조미료 5g

조리방법

1. 장어는 깨끗이 손질한 후 살을 발라내어 5×1cm 크기로 썰
   어 정종(10ml), 소금, 후춧가루를 넣고 밑간을 한 후 마른
   전분을 묻혀 튀긴다.
2. 피망, 당근, 양파는 사방 1cm로 썬다.
3. 달군 팬에 고추기름을 두른 후 파, 마늘, 생강, 두반장을 넣
   고 볶는다.
4. 정종(5ml)과 채소를 넣고 재빨리 볶는다.
5. 닭육수를 붓고 굴소스, 후춧가루, 조미료, 노두유, 식초, 튀
   긴 장어를 넣고 끓인다.
6. 전분을 넣어 걸쭉하게 만든 후 고추기름과 파기름를 뿌리고
   그릇에 담아낸다.

연두부 메로찜

재료

메로 250g, 연두부 150g, 홍피망 10g, 대파 10g, 닭육수 80ml,
간장 15ml, 정종 10ml, 조미료 5g, 파기름 20ml

조리방법

1. 메로와 두부는 사방 4cm로 썬 후 찜기에 넣고 5분간 찐다.

2. 홍피망과 대파는 0.1×2cm로 얇게 썬다.

3. 팬에 닭육수, 간장, 정종, 조미료, 파기름을 넣어 간장소스를
   만든 후 홍피망과 대파를 올린 메로 위에 뿌린다.

해산물 요리

XO소스 단호박해물찜

재료

전복 1마리, 중새우 2마리, 해삼 60g, 가리비 관자 60g,
오징어 60g, 단호박 1개, 청피망 20g, 홍피망 20g,
양송이버섯 20g, 죽순 20g, 대파 10g, 마늘 5g, 생강 5g,
감자전분 40g, XO소스 20g, 정종 15ml, 닭육수 150ml,
굴소스 20g, 노두유 40ml, 조미료 10g, 후춧가루 12g,
파기름 60ml

조리방법

1. 단호박은 깨끗이 씻은 후 4등분하여 찜기에 찐다.
2. 전복은 손질한 후 칼집을 넣고 어슷썰기를 하여 데친다. 중
   새우는 길이로 2등분하고, 해삼, 가리비 관자, 오징어도 편으
   로 썰어 데친다.
3. 청피망, 홍피망, 양송이버섯, 죽순도 편으로 썬다.
4. 달군 팬에 파기름을 두른 후 대파, 마늘, 생강, XO소스를 넣
   어 볶은 다음 2, 3의 재료를 넣고 재빨리 볶는다.
5. 닭육수와 굴소스, 노두유, 조미료, 후춧가루, 정종을 넣고 끓
   인 후 전분을 넣어 걸쭉하게 만든 다음 단호박에 담아낸다.

오룡해삼

재료

불린 해삼 2마리, 새우 200g, 청피망 20g, 홍피망 20g,
죽순 20g, 건표고버섯 20g, 완두콩 20g, 죽순 20g, 대파 10g,
마늘 5g, 생강 10g, 튀김기름 800㎖, 정종 15㎖, 닭육수 100㎖,
굴소스 200g, 후춧가루 5g, 파기름 70㎖, 노두유 10㎖,
조미료 20g, 감자전분 30g

조리방법

1. 불린 해삼은 물기를 제거한 후 마른 전분을 묻힌 다음 다진
   새우를 채운다.
2. 해삼을 한입 크기로 썰어 전분을 묻혀 튀긴다.
3. 채소는 사방 2cm로 썬다.
4. 달군 팬에 파기름을 두르고 대파, 마늘, 생강을 볶다가 정종,
   굴소스를 넣은 후 닭육수, 후춧가루, 노두유, 조미료를 넣어
   끓인다.
5. 튀긴 해삼, 전분을 넣고 걸쭉하게 끓인 다음 파기름을 뿌려
   접시에 담는다.

일품해삼

재료

불린 해삼 3마리, 중새우 400g, 은행 9개, 달걀 3개,
감자전분 15g, 조미료 5g, 정종 15ml, 닭육수 50ml, 소금 2g,
백후춧가루 1g

조리방법

1. 불린 해삼은 물기를 제거한 후 안쪽에 마른 전분을 묻힌다.

2. 새우살을 곱게 다진 후 정종, 전분, 소금, 후춧가루, 조미료,
   달걀흰자를 넣어 섞는다.

3. 해삼에 2의 재료를 채운 후 은행을 3개씩 끼워 찜기에서 6
   분 정도 찐다.

4. 달걀흰자를 거품기로 저은 후 접시에 담아낸다.

5. 해삼을 4의 재료 위에 올린 후 전분을 푼 닭육수를 끼얹는다.

흑후추 전복관자

재료

전복 3마리, 가리비 관자 6개, 흑후춧가루 20g, 건표고버섯 20g,
양파 30g, 죽순 30g, 청피망 30g, 홍피망 30g, 향채(파, 마늘,
생강) 각 10g, 감자전분 30g, 굴소스 15g, 정종 10ml,
닭육수 50ml, 노두유 20ml, 파기름 25ml, 조미료 5g

조리방법

1. 전복과 가리비 관자는 깨끗이 손질한 후 끓는 물에 데친다.
2. 채소는 사방 1cm로 썬다.
3. 달군 팬에 파기름을 두른 후 향채와 후춧가루를 넣어 볶
   는다.
4. 정종, 데친 전복과 가리비 관자, 썰어 놓은 채소, 굴소스를 넣
   어 재빨리 볶다가 닭육수와 노두유, 조미료를 넣고 끓인다.
5. 전분을 넣어 걸쭉하게 끓인 후 파기름을 뿌려 접시에 담아
   낸다.

류산슬

재료

불린 해삼 35g, 오징어 30g, 중새우 30g, 쇠고기 30g, 부추 10g,
팽이버섯 30g, 완두콩 30g, 건표고버섯 30g, 죽순 30g, 달걀 1개,
향채(파, 마늘) 각 10g, 닭육수 100ml, 정종 15ml, 튀김기름 100ml,
소금 12g, 후춧가루 1g, 조미료 2g, 파기름 25ml, 감자전분 30g

조리방법

1. 쇠고기는 채를 썬 다음 소금, 후춧가루, 달걀, 전분을 넣어
   밑간을 한 후 튀긴다.
2. 새우도 채를 썰어 소금, 후춧가루, 달걀, 전분을 넣어 밑간을
   하고 튀긴다.
3. 해삼과 오징어, 죽순, 건표고버섯도 채를 썰어 끓는 물에 데
   친다.
4. 달군 팬에 파기름을 두른 후 향채를 볶고 모든 재료를 정종
   과 함께 빨리 볶는다.
5. 닭육수, 소금, 후춧가루, 조미료를 넣고 끓인다.
6. 전분을 5의 재료에 넣어 농도를 맞춘 후 파기름을 넣고 마
   무리한다.

발채전복

재료

전복 5마리, 발채 20g, 브로콜리 50g, 굴소스 10g, 정종 15ml,
노두유 5ml, 조미료 2g, 후춧가루 1g, 파기름 70ml, 닭육수 200ml,
감자전분 60g

조리방법

1. 전복은 깨끗이 씻은 후 내장을 제거하고 껍데기와 함께 끓
   는 물에 데친 다음 칼집을 넣는다.
2. 브로콜리는 한입 크기로 썰어 뜨거운 물에 데친 후 전복껍
   데기에 전복과 함께 담아 놓는다.
3. 달군 팬에 파기름을 두른 후 닭육수, 정종, 발채, 굴소스, 조
   미료, 노두유, 후춧가루를 넣어 끓인다.
4. 전분을 넣어 걸쭉하게 만든 후 파기름을 넣고 2의 재료에 끼
   얹는다.

향리꽃게

재료

꽃게 2마리, 건고추 30g, 땅콩 30g, 향채(파 15g, 마늘 5g,
생강 5g), 감자전분 100g, 파기름 15ml, 고추기름 25ml,
두반장 10g, 설탕 5g, 조미료 3g, 후춧가루 1g, 굴소스 30g,
노두유 30ml, 정종 15ml, 닭육수 500ml, 튀김기름 800ml

조리방법

1. 꽃게는 깨끗이 손질한 다음 등껍질을 떼어내고 다리는 알맞
   은 크기로 잘라낸 후 전분(75g)을 묻혀 튀긴다.
2. 건고추는 송송 썰고 땅콩은 볶는다.
3. 달군 팬에 고추기름을 두르고 파, 마늘, 생강을 넣어 볶다가
   건고추와 땅콩을 넣어 섞는다.
4. 두반장, 굴소스, 노두유, 정종, 설탕, 조미료, 후춧가루를 넣
   고 볶다가 닭육수를 넣어 끓인다.
5. 튀긴 꽃게를 넣어 볶다가 전분(25g)과 고추기름, 파기름을
   넣고 마무리한다.

칠리소스 바닷가재

재료

바닷가재 1마리(800g), 청피망 30g, 홍피망 30g, 달걀 1개,
대파 10g, 마늘 10g, 생강 5g, 튀김기름 800ml, 감자전분 100g,
고추기름 15ml

칠리소스 홍고추 20g, 두반장 20g, 정종 10ml, 케첩 140g,
닭육수 70m, 설탕 60g, 고추기름 200ml

조리방법

1. 바닷가재를 깨끗이 씻은 후 머리와 꼬리를 분리한 다음 꼬
   리살을 떼어 물기를 제거하고 달걀과 마른 전분을 묻혀 2번
   튀긴다.

2. 청피망, 홍피망, 대파, 마늘, 생강을 사방 0.5cm 크기로 썬다.

3. 팬에 고추기름을 두르고, 파, 마늘, 생강을 넣고 볶다가 향
   이 나면 2의 썰어 놓은 청피망, 홍피망과 칠리소스를 넣고
   끓인다.

4. 끓인 칠리소스에는 전분을 넣어 농도를 맞춘 다음 튀겨 놓
   은 바닷가재에 섞어 그릇에 담아낸다.

오향소금 바닷가재

재료

바닷가재 1마리(800g), 오향분(산초분 20g, 팔각분 20g,
회향분 20g, 정향분 20g, 계피분 20g), 소금 28g, 달걀 1개,
감자전분 30g, 튀김기름 800ml, 정종 15ml, 후춧가루 2g

조리방법

1. 바닷가재는 깨끗이 씻은 후 머리와 꼬리를 분리하여 꼬리살
   은 2cm 두께로 썬 다음 정종, 후춧가루, 소금(3g)을 넣어
   밑간을 한다.
2. 밑간한 바닷가재는 수분을 제거한 후 달걀흰자와 전분을 묻
   혀 바삭하게 2번 튀긴다.
3. 달군 팬에 오향분과 소금(25g), 튀긴 바닷가재를 넣고 골고
   루 섞어 그릇에 담아낸다.

면보샤

재료

중새우 6마리, 식빵 4쪽, 대파 5g, 생강 1g, 감자전분 1g,
튀김기름 800ml, 조미료 3g, 소금 1g, 백후추 1g

조리방법

1. 새우, 대파, 생강을 곱게 다진 후 조미료, 소금, 후추, 전분을
   넣고 치댄다.
2. 식빵을 먹기 좋은 크기로 자른다.
3. 식빵 → 다진 새우 → 식빵 순서로 쌓은 다음 140℃의 기름
   에서 튀긴다.
4. 기름기를 제거한 후 그릇에 담는다.

메로 새우찜

재료

메로 300g, 중새우 8마리, 감자전분 50g, 대파 15g, 생강 10g,
파기름 20ml, 닭육수 180ml, 소금 5g, 백후춧가루 1g, 조미료 3g

조리방법

1. 메로를 사방 6cm, 두께 3cm로 자른 뒤 소금, 후춧가루, 조
   미료를 뿌려 밑간한다.
2. 새우, 대파, 생강을 곱게 다진 다음 전분을 넣고 고루 섞어
   놓는다.
3. 밑간한 메로에 물기를 제거한 후 마른 전분을 묻힌 다음 다
   진 새우를 메로 두께로 포갠다.
4. 찜통에 김이 오르면 새우를 붙여 놓은 메로를 넣고 8분간
   찐다.
5. 쪄낸 4의 새우와 메로를 접시에 담는다.
6. 팬에 파기름을 두르고 닭육수를 부어 소금, 후춧가루, 조미
   료로 간을 한 후 전분을 넣어 걸쭉하게 한 다음 파기름을
   둘러서 소스를 만든다.
7. 쪄낸 메로와 새우 위에 6의 소스를 뿌린다.

새우 가지찜

재료

가지 1개, 알시바새우 130g, 생강 5g, 홍고추 3개, 마늘 2쪽,
대파 15g, 조미료 3g, 소금 2g, 식초 8ml, 두반장 15g, 케첩 55g,
고추기름 10ml, 후춧가루 2g

조리방법

1. 알시바새우, 대파, 생강을 곱게 다진 후 조미료, 소금, 후춧가루로 밑간을 한다.
2. 속을 파낸 가지를 다진 새우로 채운다.
3. 김이 오른 찜통에 10분간 찐다.
4. 홍고추, 마늘, 대파, 고추기름, 두반장, 식초, 케첩을 넣고 칠리소스를 만든다.
5. 쪄낸 가지 위에 4의 소스를 뿌려 마무리한다.

녹차잎 새우튀김

재료

녹차 생잎 100g, 중새우 8마리, 정종 15ml, 튀김기름 800ml,
감자전분 100g, 소금 1g, 후춧가루 2g

조리방법

1. 녹차잎을 기름에 바삭하게 튀긴다.
2. 중새우는 손질한 후 새우등에 칼집을 넣고 소금, 정종, 후춧
   가루를 넣고 밑간을 한다.
3. 새우는 전분을 묻혀 튀긴다.
4. 접시에 튀긴 녹차잎과 새우를 담아낸다.

마늘 깐풍새우

재료

중새우 10마리, 감자전분 50g, 파 15g, 마늘 7쪽, 생강 3g,
홍고추 10g, 청피망 10g, 사천고추 5g, 간장 7ml, 설탕 15g,
식초 15ml, 굴소스 5g, 흑후추 3g, 조미료 5g, 튀김기름 800ml

조리방법

1. 새우의 등부분에 칼집을 넣고 잘 손질한 후 전분을 묻혀 바
   삭하게 튀긴다.
2. 팬에 사천고추를 넣고 파, 마늘, 생강, 홍고추, 청피망을 넣은
   다음 볶는다.
3. 2에 간장, 설탕, 식초, 굴소스, 후추, 조미료를 위의 분량대로
   넣고 한번 끓인다.
4. 튀겨 놓은 새우를 3의 소스에 넣어 국물이 없어질 때까지
   볶는다.

새우 송이 게살볶음

재료

송이버섯 2개, 중새우 100g, 게살 50g, 감자전분 150g, 대파 10g,
생강 5g, 달걀 1개, 닭육수 150ml, 튀김기름 800ml, 파기름 75ml,
소금 2g, 조미료 1g, 백후춧가루 1g

조리방법

1. 새우, 대파, 생강은 곱게 다진 후 소금, 후추, 조미료를 넣어
   밑간한다.
2. 송이버섯은 얇게 썰어 물기를 제거한 후 마른 전분을 묻힌
   다음 밑간한 새우살을 붙인다.
3. 새우살을 붙인 송이버섯 전체에 마른 전분을 묻힌 후 튀겨
   서 접시에 담아낸다.
4. 파기름을 두르고 게살을 볶은 후 닭육수를 넣고 소금, 후추,
   조미료로 간을 한 다음 전분을 넣어 농도를 걸쭉하게 조절
   한다. 달걀흰자를 넣고 고루 섞는다.
5. 파기름을 두르고 마무리한 후 튀긴 송이버섯과 새우살 위에
   4의 재료를 끼얹어준다.

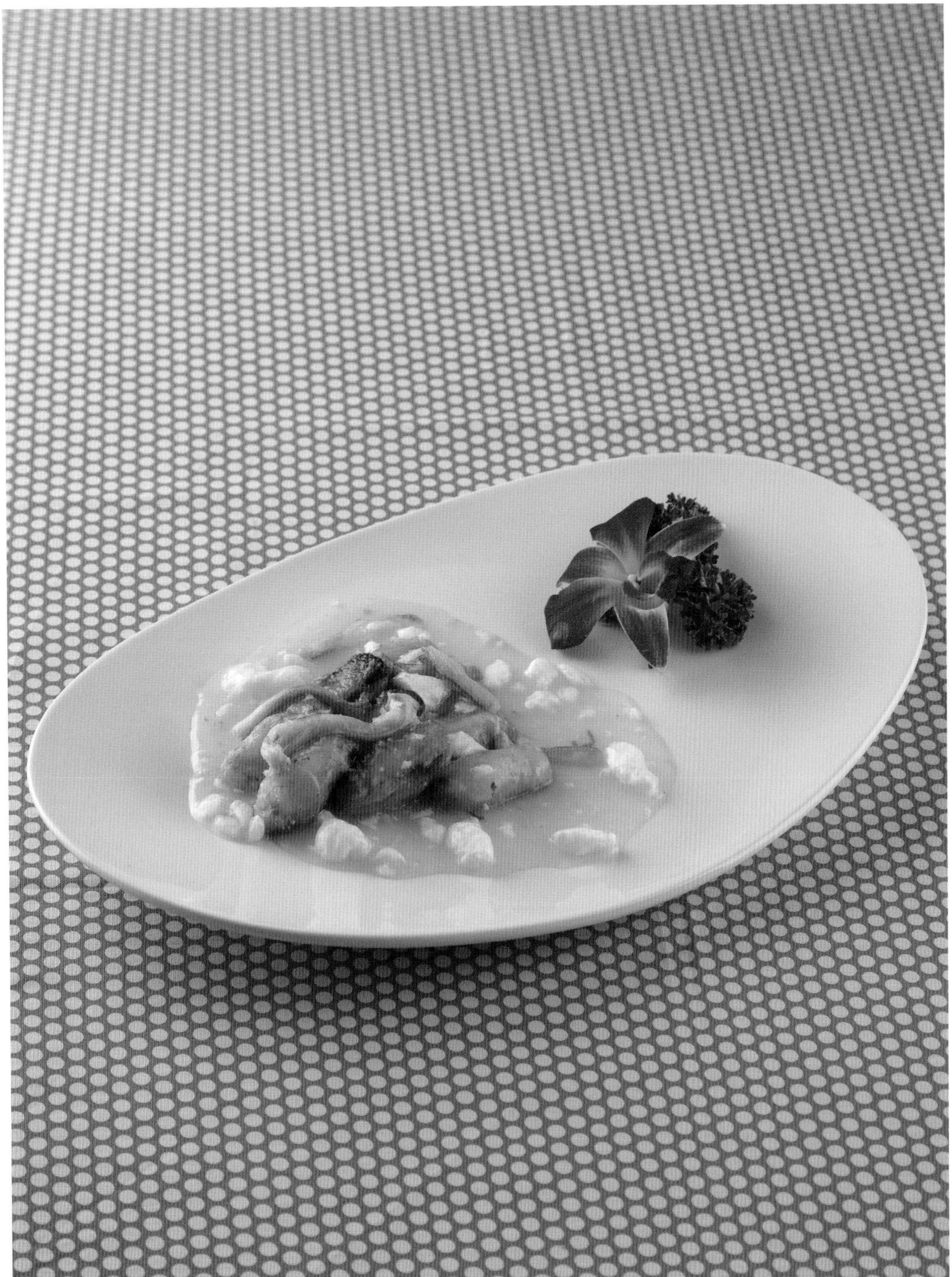

면접 요리

잡채밥

재료

쌀밥 150g, 분사(실당면) 100g, 건표고버섯 20g, 청피망 25g,
홍피망 25g, 죽순 25g, 목이버섯 25g, 대파 20g, 마늘 편 10g,
생강 5g, 닭육수 50ml, 정종 15ml, 간장 15ml, 소금 5g, 조미료 7g,
후춧가루 2g, 파기름 40ml

조리방법

1. 분사는 찬물에 불려 놓는다.

2. 건표고버섯, 청피망, 홍피망, 죽순, 목이버섯은 채를 썬다.

3. 달군 팬에 파기름을 두른 후 어슷썰기를 한 대파와 마늘 편,
   생강을 넣고 볶는다.

4. 간장, 정종, 2의 재료를 넣어 볶다가 닭육수를 넣은 다음 분
   사를 넣어 끓인다.

5. 분사가 익으면 후춧가루, 조미료, 소금, 파기름을 넣고 흰쌀
   밥을 담은 그릇에 붓는다.

잡탕밥

재료

쌀밥 150g, 갑오징어 20g, 중새우 2마리, 해삼 30g, 소라 20g,
가리비 관자 30g, 굴 20g, 건표고버섯 20g, 양송이버섯 20g,
죽순 20g, 청경채 20g, 청피망 10g, 홍피망 10g, 대파 10g,
마늘 10g, 생강 5g, 닭육수 150ml, 굴소스 15ml, 정종 10ml,
노두유 25ml, 후춧가루 3g, 조미료 5g, 감자전분 30g,
파기름 60ml

조리방법

1. 해물과 채소는 깨끗이 손질하여 편으로 썰어 뜨거운 물에
   데친다.
2. 달군 팬에 파기름을 두르고 어슷썰기를 한 대파와 마늘 편,
   생강을 넣고 볶는다.
3. 해물과 채소, 굴소스, 정종을 넣고 살짝 볶은 다음 닭육수
   를 넣고 끓인다.
4. 닭육수가 끓으면 노두유, 후춧가루, 조미료, 전분을 넣어 걸
   쭉하게 만든 후 파기름을 넣는다.
5. 그릇에 쌀밥을 담고 4의 완성된 재료를 끼얹는다.

양주식 볶음밥

재료

쌀밥 150g, 햄 50g, 마늘쫑 20g, 청피망 20g, 홍피망 20g,
당근 20g, 양상추 40g, 식용유 20㎖, 달걀 1개, 소금 7g,
조미료 7g

조리방법

1. 햄, 마늘쫑, 청피망, 홍피망, 당근은 사방 0.3cm 크기로 썰고
   양상추는 채를 썬다.
2. 달군 팬에 식용유를 두르고 달걀을 풀어 쌀밥을 볶는다.
3. 고슬고슬하게 밥을 볶은 후 양상추를 제외한 1의 재료와 소
   금, 조미료를 넣고 다시 볶아준다.
4. 볶은 밥을 그릇에 담은 후 양상추를 그 위에 올린다.

닭고기 볶음밥

재료

쌀밥 150g, 닭고기 50g, 마늘쫑 25g, 당근 25g, 대파 50g,
마늘 130g, 달걀 1개, 노두유 15ml, 튀김기름 200ml, 간장 15ml,
소금 4g, 조미료 7g, 파기름 8ml

조리방법

1. 닭고기는 깨끗이 손질한 후 다져 튀긴다.
2. 마늘쫑, 당근은 사방 0.3cm로 썰고, 대파는 얇게 썬다.
3. 마늘은 곱게 다져 튀긴다.
4. 달군 팬에 파기름을 두른 후 풀어놓은 달걀을 익힌다.
5. 쌀밥을 넣고 골고루 볶다가 노두유, 간장, 소금, 조미료, 1의
   닭고기, 마늘쫑, 당근, 대파를 넣고 볶는다.
6. 볶은 밥을 그릇에 담은 후 대파를 올리고 마늘을 뿌린다.

수초면

재료

생면 150g, 쇠고기 40g, 중새우 40g, 해삼 30g, 오징어 30g,
가리비 관자 30g, 죽순 20g, 건표고버섯 20g, 팽이버섯 20g,
부추 20g, 대파 10g, 마늘 10g, 생강 5g, 달걀 1개,
튀김기름 800ml, 정종 15ml, 굴소스 10g, 감자전분 50g,
닭육수 150ml, 노두유 200ml, 후춧가루 5g, 조미료 5g,
파기름 70ml, 소금 12g

조리방법

1. 쇠고기는 채를 썬 후 소금, 후춧가루, 정종을 넣어 밑간을
   하고 달걀과 마른 전분을 넣어 섞은 후 튀긴다.
2. 중새우도 채를 썰어 소금, 후춧가루, 정종을 넣고 밑간한 후
   달걀흰자와 마른 전분을 넣고 섞은 다음 튀긴다.
3. 해삼, 오징어, 가리비 관자는 채를 썰어 물에 데치고 죽순,
   건표고버섯도 채를 썬다.
4. 달군 팬에 파기름을 두르고 대파, 마늘, 생강을 볶아 정종과
   1의 재료, 2와 3의 재료, 팽이버섯, 부추를 넣어 재빨리 볶은
   다음 닭육수, 굴소스, 조미료, 노두유, 후춧가루를 넣고 끓인
   후 삶아 놓은 면을 넣고 졸인다.
5. 4의 닭육수를 어느 정도 졸인 다음 파기름을 넣고
   그릇에 담아낸다.

전복탕면

재료

생면 150g, 전복 2마리, 건표고버섯 20g, 죽순 20g,
양송이버섯 20g, 당근 10g, 청경채 20g, 대파 10g, 마늘 10g,
생강 5g, 닭육수 200ml, 정종 10ml, 간장 15ml, 소금 6g,
조미료 8g, 파기름 25ml, 후춧가루 3g

조리방법

1. 전복은 깨끗이 손질한 후 뜨거운 물에 삶아 편으로 썬다.
2. 건표고버섯, 죽순, 양송이버섯, 당근, 청경채도 편으로 썬다.
3. 달군 팬에 파기름을 두른 후 송송 썰어 놓은 대파와 마늘
   편, 다진 생강을 넣고 볶는다.
4. 팬에 닭육수를 넣고 끓어오르면 정종, 간장, 삶은 전복과 채
   소를 넣고 다시 끓인다.
5. 소금, 조미료, 후춧가루, 파기름을 4의 재료에 넣는다.
6. 삶아 놓은 면을 그릇에 담고 5의 재료를 붓는다.

팔진초면

재료

생면 150g, 갑오징어 20g, 중새우 2마리, 해삼 30g, 소라 20g,
가리비 관자 30g, 굴 20g, 건표고버섯 20g, 양송이버섯 20g,
죽순 20g, 청경채 20g, 청피망 10g, 홍피망 10g, 대파 10g,
마늘 5g, 닭육수 150ml, 굴소스 15ml, 정종 10ml, 튀김기름 800ml,
노두유 20ml, 조미료 7g, 후춧가루 2g, 파기름 35ml, 감자전분 30g

조리방법

1. 생면은 삶아서 튀긴다.
2. 해물과 채소는 깨끗이 손질하여 편으로 썰어 뜨거운 물에 데친다.
3. 달군 팬에 파기름을 두르고 어슷썰기를 한 대파와 마늘 편을 넣고 볶는다.
4. 해물과 채소, 굴소스, 정종을 넣고 살짝 볶은 후 닭육수를 넣고 끓인다.
5. 닭육수가 끓으면 노두유, 조미료, 후춧가루, 파기름을 넣은 다음 전분을 넣어 걸쭉하게 만든다.
6. 초면(생면을 튀겨 놓은 것)을 그릇에 담고 5의 재료를 끼얹는다.

사천탕면

재료

생면 180g, 바지락 5마리, 생굴 10마리, 알시바새우 5마리,
청피망 1/2개, 홍피망 1/2개, 당근 15g, 양파 1/2개, 부추 10g,
사천고추 3g, 향채(파 20g, 마늘 15g, 생강 5g), 소금 15g,
백후춧가루 2g, 조미료 15g, 닭육수 300ml, 고량주 5ml

조리방법

1. 모든 채소는 채를 썰어서 준비한다.
2. 팬에 파기름을 두르고 사천고추와 향채를 넣어 향을 낸 다음 모든 채소를 넣은 후 고량주를 두어 방울을 뿌리고 볶는다.
3. 닭육수를 2의 재료에 붓고 바지락과 생굴, 알시바새우를 넣고 끓인 후 소금, 후춧가루, 조미료를 넣어 간을 한다.
4. 3의 탕을 끓인 다음 삶아 놓은 생면을 그 위에 부어서 마무리한다.

우육탕면

재료

생면 200g, 장육 100g, 건표고버섯 20g, 양송이버섯 20g,
죽순 20g, 당근 10g, 청경채 20g, 대파 10g, 마늘 10g, 생강 5g,
식용유 30ml, 굴소스 10g, 정종 15ml, 소금 6g, 조미료 4g,
후춧가루 2g, 파기름 35ml, 닭육수 200ml

조리방법

1. 건표고버섯, 양송이버섯, 죽순, 당근, 청경채는 편으로 썬다.
2. 장육은 먹기 좋은 크기로 얇게 썬다.
3. 달군 팬에 식용유를 두르고 대파, 마늘, 생강을 볶은 후 정
   종과 채소를 넣어 재빨리 볶은 다음 닭육수를 넣고 끓인다.
4. 굴소스, 소금, 조미료, 후춧가루, 파기름을 넣고 삶아 놓은
   면에 부은 후 장육을 올려 완성한다.

왕새우탕면

재료

생면 150g, 왕새우 2마리, 양송이버섯 20g, 죽순 20g, 청경채 20g,
당근 10g, 건표고버섯 20g, 마늘 10g, 대파 15g, 닭육수 250ml,
정종 10ml, 간장 15ml, 소금 13g, 조미료 12g, 후춧가루 2g,
파기름 50ml

조리방법

1. 왕새우는 깨끗이 손질한 후 새우등에 칼집을 넣는다.
2. 분량의 채소는 편으로 썬다.
3. 달군 팬에 파기름을 두르고 썰어 놓은 마늘과 대파를 넣고
   볶는다.
4. 여기에 왕새우를 넣고 볶다가 썰어 놓은 채소를 넣고 볶는다.
5. 정종, 간장, 닭육수, 소금, 조미료, 후춧가루, 파기름을 4에 넣
   고 끓인 후 삶은 면 위에 붓는다.

후식

달걀타르트

재료

파이 반죽 밀가루(박력분) 220g, 버터 120g, 슈가파우더 280g,
달걀 1개, 바닐라 에센스 2ml

커스터드 반죽 연유 80ml, 달걀 4개, 물 300ml, 설탕 120g,
바닐라 에센스 2ml

조리방법

파이 반죽 만들기

1. 버터와 슈가파우더를 섞는다.

2. 달걀이 흰색이 될 때까지 휘핑기로 저은 후 1의 재료와 섞
   는다.

3. 밀가루를 체에 내려 2의 재료와 섞고 바닐라 에센스를 넣어
   냉장고에 30분 정도 둔다.

커스터드 반죽 만들기

1. 설탕과 물을 섞은 후 연유를 넣는다.

2. 달걀을 넣고 골고루 섞어준 후 바닐라 에센스를 넣는다.

3. 몰드에 반죽을 얇게 바른 후 2의 재료를 채워 오븐의 위, 아
   래 온도가 200℃일 때 20~25분 동안 굽는다.

생강푸딩

재료

A 젤라틴 4g, 설탕 20g, 물 75g

B 우유 125g, 연유 10g, 생크림 12g

C 젤라틴 2g, 생강 2.5g, 물 50g, 브라운슈가 7g

조리방법

1. C의 젤라틴과 물, 브라운슈가를 섞은 후 편으로 얇게 썬 생강을 볼에 담아 10분 정도 찐다.
2. 완전히 녹으면 종이컵에 1/4 정도 담아 식힌다.
3. A의 젤라틴과 설탕, 물을 섞어 볼에 담아 찐 후 식힌다.
4. B에 3을 넣고 조금씩 부어 섞어준다.
5. 2를 담은 컵에 4의 재료를 1/2 정도 넣은 후 식힌다.
6. 굳으면 종이컵을 조심스럽게 찢어 거꾸로 접시에 담아낸다.

고수셔벗

재료

고수 4g, 물 200g, 설탕 100g, 브랜디 20ml

조리방법

1. 고수를 깨끗이 씻은 후 믹서기에 분량의 재료를 넣어 곱게
   간다.
2. 볼에 담아서 냉동고에 넣어 얼린다.
3. 20분 간격으로 2~3회 저어 투명해지면 그릇에 담는다.

달걀빠스

재료

달걀 3개, 밀가루 200g, 튀김기름 800ml, 설탕 100g

조리방법

1. 달걀 3개를 잘 풀어서 도톰하게 지단을 부친다.
2. 지단을 마름모꼴로 썬다.
3. 밀가루를 묻힌 후 80℃의 뜨거운 물에 담가 적신다.
4. 이 과정을 3번 반복 후 또다시 밀가루를 묻혀 170℃의 기름에 넣고 튀긴다.
5. 빈 접시에 기름을 발라 준비한다.
6. 팬에 기름을 두르고 설탕을 넣어 밝은 갈색의 시럽을 만든 후 튀긴 지단을 넣어 시럽을 골고루 묻힌다. 찬물을 두어 방울을 넣고 재빨리 섞어 마무리한다.
7. 기름을 바른 접시에 시럽을 묻힌 지단을 하나하나 떼어 담아 식힌 후 접시에 담아낸다.

지마구

재료

찹쌀가루 200g, 소금 3g, 물 30g, 팥앙금 15g, 통깨 150g,
흑임자 150g, 튀김기름 800ml

조리방법

1. 찹쌀가루, 소금과 물을 넣고 익반죽을 한다.
2. 반죽을 잘 치대어 동그랗게 빚은 다음 팥앙금을 넣고 잘 감
   싼다.
3. 빚어 놓은 반죽을 끓는 물에 데친 다음 물기를 뺀 후 통깨
   나 흑임자를 골고루 굴려가며 묻힌다.
4. 깨를 묻힌 지마구를 170℃의 기름에 잘 굴려가며 튀겨서 마
   무리한다.

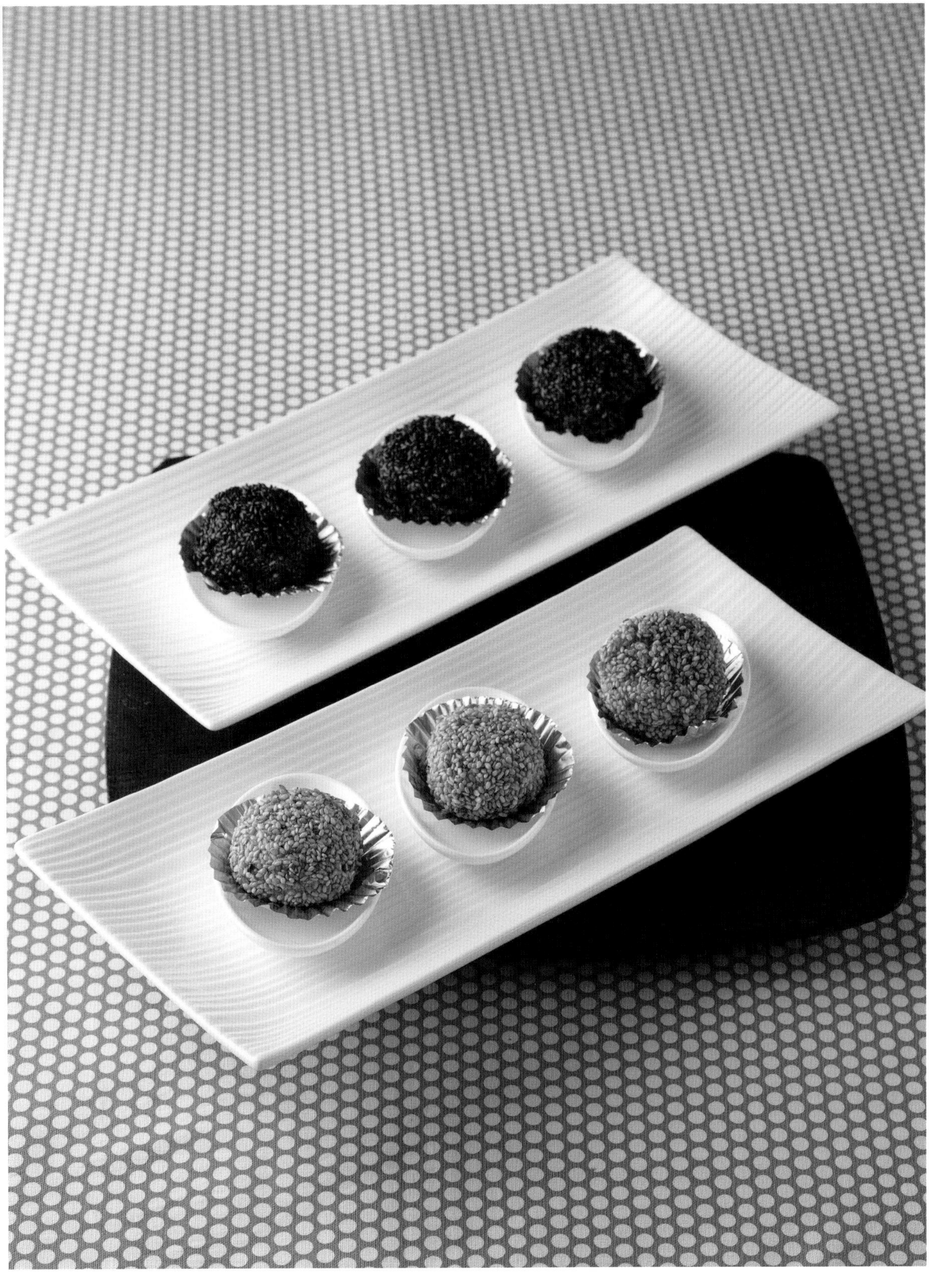

페이스트리만두

재료

밀가루(박력분) 100g, 소금 1g, 식용유 10g, 물 30g, 마가린 90g,
튀김기름 800ml, 새우 35g, 대파 10g, 생강 2g, 조미료 2g,
연유 70ml

조리방법

1. 밀가루에 소금, 식용유, 물을 넣고 잘 치댄다.
2. 30분 가량 냉장고에 숙성시킨 후 정사각형이 되도록 밀대로
   민다.
3. 마가린도 정사각형이 되도록 민다.
4. 반죽을 아래에 두고 마가린을 포개어 반죽으로 마가린 전체
   를 감싼다.
5. 3번 접기를 3번 반복한다.
6. 반죽을 냉장고에 넣어 차갑게 될 때까지 식힌다.
7. 새우는 굵직하게 다지고, 생강과 대파는 곱게 다진다. 다진
   것에 조미료를 넣고 잘 치댄다.
8. 세로로 5mm 간격으로 잘라서 속을 채워 결 반대로 돌돌
   말아서 튀긴다. 연유를 곁들여 낸다.

저자 소개

하헌수
서울현대전문학교 호텔조리학과 전임교수

신지명
밀레니엄 서울 힐튼호텔 중식조리부

고급 중국요리
대륙의 맛, 황제의 만찬

2014년 1월 27일 초판 인쇄 | 2014년 2월 3일 초판 발행

지은이 하헌수·신지명 | **펴낸이** 류제동 | **펴낸곳** ㈜교문사

전무이사 양계성 | **편집부장** 모은영 | **책임편집** 손선일 | **디자인** 신나리
본문편집 이연순 | **제작** 김선형 | **홍보** 김미선 | **영업** 이진석·정용섭·송기윤
출력 삼신인쇄 | **인쇄** 삼신인쇄 | **제본** 한진제본

주소 413-756 경기도 파주시 교하읍 문발리 출판문화정보산업단지 536-2
전화 031-955-6111(代) | **팩스** 031-955-0955 | **등록** 1960. 10. 28. 제406-2006-000035호
홈페이지 www.kyomunsa.co.kr | **E-mail** webmaster@kyomunsa.co.kr

ISBN 978-89-363-1385-2(93590) | **값** 24,000원